Cada gota cuenta

Anita Nahta Amin

Asesoras de contenido

Jennifer M. Lopez, M.S.Ed., NBCT
Coordinadora superior, Historia/Estudios sociales
Escuelas Públicas de Norfolk

Tina Ristau, M.A., SLMS
Maestra bibliotecaria
Distrito Escolar de la Comunidad de Waterloo

Asesoras de iCivics

Emma Humphries, Ph.D.
Directora general de educación

Taylor Davis, M.T.
Directora de currículo y contenido

Natacha Scott, MAT
Directora de relaciones con los educadores

Créditos de publicación

Rachelle Cracchiolo, M.S.Ed., *Editora*
Emily R. Smith, M.A.Ed., *Vicepresidenta de desarrollo de contenido*
Véronique Bos, *Directora creativa*
Dona Herweck Rice, *Gerenta general de contenido*
Caroline Gasca, M.S.Ed., *Gerenta general de contenido*
Fabiola Sepulveda, *Diseñadora gráfica de la serie*

Créditos de imágenes: págs.6–9 Hanah McCaffery; pág.13 NASA; pág.15 Foto de USDA de Lance Cheung; pág.17 NASA; pág.22 AFP/Stringer/Getty Images; todas las demás imágenes cortesía de iStock y/o Shutterstock

Library of Congress Cataloging-in-Publication Data

Names: Amin, Anita Nahta, author. | iCivics (Organization)
Title: Cada gota cuenta / Anita Nahta Amin.
Other titles: Every drop counts. Spanish
Description: Huntington Beach, CA : Teacher Created Materials, 2022. | "iCivics"--Cover. | Audience: Grades 2-3 | Summary: "Water seems to be everywhere. Yet, the world is running out of fresh water. How does this affect lives around the world? What has been done and what more can we do to try and escape this disaster?"-- Provided by publisher.
Identifiers: LCCN 2021039495 (print) | LCCN 2021039496 (ebook) | ISBN 9781087622699 (paperback) | ISBN 9781087624013 (epub)
Subjects: LCSH: Water-supply--Juvenile literature.
Classification: LCC TD348 .A4518 2022 (print) | LCC TD348 (ebook) | DDC 363.6/1--dc23
LC record available at https://lccn.loc.gov/2021039495
LC ebook record available at https://lccn.loc.gov/2021039496

Se prohíbe la reproducción y la distribución de este libro
por cualquier medio sin autorización escrita de la editorial.

5482 Argosy Avenue
Huntington Beach, CA 92649-1039
www.tcmpub.com

ISBN 978-1-0876-2269-9
© 2022 Teacher Created Materials, Inc.

El nombre "iCivics" y el logo de iCivics son marcas
registradas de iCivics, Inc.

Contenido

La última gota 4

Salta a la ficción:
  Un río se seca 6

El agua en todo el mundo 10

Héroes del agua 14

Más valiosa que el oro 24

Glosario 26

Índice 27

Civismo en acción 28

La última gota

Puede parecerte que el agua nunca se acabará. Cubre más de dos tercios de la superficie terrestre. Pero la mayor parte de esa agua es salada. No es **agua dulce**. El agua dulce es la que usamos para beber, lavar la ropa, bañarnos y regar el césped.

Agua salada y agua dulce

De cada cien gotas de agua que hay en la superficie de la Tierra, solo tres son de agua dulce. Por eso, solo se puede beber una pequeña parte del agua que hay en todo el mundo. En algunos lugares hay más agua dulce que en otros.

¿Qué sucedería si se acabara el agua dulce? Muchas personas enfrentan ese problema hoy y quizá muchas más lo enfrenten en el futuro.

Un río se seca

Las plantas de Tina están marchitas. Eso no le gusta. Se había imaginado un jardín lleno de flores. Su mamá suspira:

—Necesitamos que llueva.

Adentro, el papá agita el periódico.

—¡El río Cristal se está secando! Tenemos que ahorrar agua.

—Pero ¡mis plantas! —se queja Tina.

—Nuestro pueblo podría convertirse en un desierto —dice su mamá.

Tina empieza a hacer cambios. Cierra el grifo mientras se cepilla los dientes. Se ducha más rápido. Riega sus plantas con el agua que usaron para cocinar.

—¡Cada gota cuenta! —dice la mamá. Las plantas de Tina reviven con el agua de los fideos.

Una semana después, el papá lee la portada del periódico.

—El río sigue secándose. Hay que seguir ahorrando agua.

Tina sale corriendo a la calle.

—¡Señor Sand, no riegue el césped!

Hace volantes para recordárselo a todos.

Salvemos el río Cristal
- ¡No reguemos el césped!
- ¡Cerremos el grifo!
- ¡Tomemos duchas más cortas!
- ¡Reutilicemos el agua!

La semana siguiente, el periódico elogia el volante de Tina. ¡Dice que está ayudando a salvar el río Cristal!

Tina sonríe y siente una gota.

—¡Miren! ¡Está lloviendo!

Tina lleva una cubeta afuera para recoger el agua de lluvia. El río está a salvo por ahora. ¡Pero Tina quiere seguir cuidando el agua, por las dudas!

El agua en todo el mundo

Alguien abre el **grifo**. ¡Uusshhh! El agua sale a chorros, pero ¿de dónde viene? Puede llegar desde muy lejos, a través de tuberías.

Casi toda el agua del grifo proviene de lagos o ríos. También puede venir de estanques artificiales que recogen el agua de lluvia y la nieve derretida. El agua también puede venir de aljibes y manantiales. Casi siempre, muchas personas comparten esas fuentes de agua.

Pero en el mundo hay muchísimas personas que no tienen agua corriente en sus casas. Comparten grifos públicos o caminan para recoger agua de aljibes, manantiales o ríos.

Agua pública en la antigua Roma

Los antiguos romanos obtenían agua de lugares lejanos. El agua bajaba desde las colinas hasta los pueblos. Fluía a través de túneles y puentes conectados, llamados *acueductos*.

Piensa y habla

¿Por qué el agua es tan importante para todos?

Los científicos creen que lloverá menos con el paso del tiempo. En el año 2025, la mitad del mundo ya no tendrá agua dulce. Con el **cambio climático**, los días serán más calurosos. Las **sequías** serán peores. Se secarán más lagos y más ríos.

el lecho de un río seco en Nepal

En las comunidades **humildes**, a veces el agua no es segura. Puede tener gérmenes que podrían enfermar a las personas. Algunas personas arrojan residuos y productos químicos a los ríos. Eso también contamina el agua. Sin embargo, el mundo sigue creciendo y cada año nacen más personas. Y esas personas necesitan agua dulce.

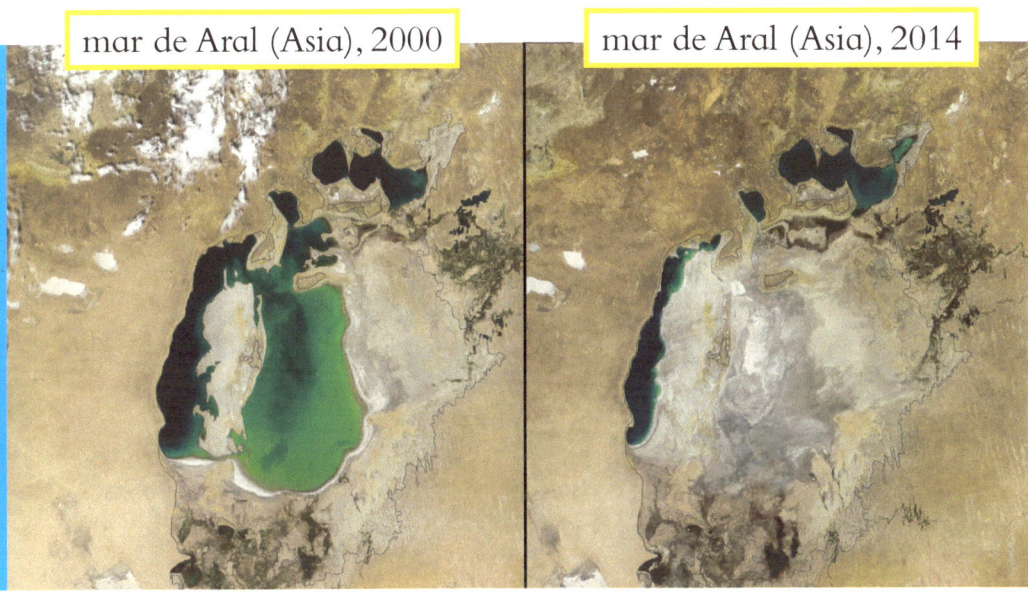

mar de Aral (Asia), 2000

mar de Aral (Asia), 2014

Dónde hay más agua dulce

Brasil, Rusia y Estados Unidos son los países que más agua dulce tienen. Pero tienen menos que antes. Con las sequías han desaparecido algunas fuentes de agua.

Héroes del agua

¿Cómo se puede solucionar el problema del agua? Nadie lo sabe con seguridad. Los científicos, los líderes y los ciudadanos están tratando de ayudar. Están trabajando para encontrar respuestas y lograr cambios.

Se están buscando nuevas fuentes de agua. Hay nuevas herramientas que podrían ayudar a obtener más agua dulce. Las personas también pueden usar menos agua para que dure más, o pueden reutilizarla. Algunos cambios son más fáciles que otros. Algunos cuestan más dinero. Pero es importante seguir intentándolo.

Un trabajador controla un sistema de filtrado de agua.

El agua fluye a través de tubos pequeños para ahorrar más.

Piensa y habla

¿Por qué regar las plantas de la manera en que se ve en la foto podría ayudar a ahorrar agua?

Buscar agua

Hay mucha agua que está oculta bajo la tierra, en **acuíferos**. El agua de lluvia se acumula en esos espacios. Las personas cavan pozos y construyen aljibes para poder sacar el agua. Cuando esa agua se acaba, ¡puede tardar miles de años en volver a acumularse!

Esta imagen muestra cómo se utiliza un aljibe para obtener agua.

La **NASA** también puede ayudar a encontrar agua. Los **satélites** llevan un registro del agua que hay en el mundo. Pueden ver cuánta agua hay en el aire, en la superficie y bajo tierra. Pueden ayudar a predecir cuándo podría comenzar la próxima sequía. Esto ayuda a las personas a planificar mejor.

Este satélite de la NASA ayuda a rastrear el agua que hay en la Tierra.

Agua peligrosa

El agua contaminada puede enfermar a las personas. En el mundo hay casi mil millones de personas que no tienen agua limpia. ¡Eso es casi una de cada ocho personas!

Ahorrar agua

Durante una sequía, las comunidades pueden limitar el consumo de agua. Algunas medidas sencillas pueden ayudar. Por ejemplo, puedes reparar las pérdidas. Una sola pérdida puede desperdiciar miles de galones o litros de agua al año. También puedes cerrar el grifo mientras te cepillas los dientes. Ahorrarás mucha agua así. Y puedes tomar duchas más cortas. ¡Puedes bañarte en menos de cinco minutos!

Reparar los grifos que tienen pérdidas puede ayudar a ahorrar agua.

En el jardín de tu casa, puedes cultivar plantas que necesiten poca agua. De hecho, algunos países no cultivan plantas que necesitan mucha agua, como el algodón. Si tu césped necesita más agua además de la lluvia, tal vez no sea una buena idea tener césped donde vives.

¿De quién es el agua de lluvia?

Los barriles para la lluvia recogen el agua de lluvia. En todos los estados excepto dos, las personas pueden recoger y usar toda el agua de lluvia que quieran. El agua de lluvia puede usarse para regar las plantas y limpiar, entre muchas otras cosas.

Reutilizar el agua

Hay océanos en todo el mundo, pero no podemos beber agua salada. La sal solo nos da más sed. Hay fábricas que sacan la sal del agua de mar. ¡La convierten en agua dulce! Pero la sal es arrojada de nuevo al mar. De repente, el mar se vuelve más salado. Eso puede dañar a algunos animales marinos.

Algunos lugares limpian las **aguas residuales**. Hay fábricas que limpian el agua. Eliminan la suciedad, los aceites y los gérmenes, entre otras cosas. Permiten que el agua pueda beberse y usarse. Pero ese proceso de limpieza puede ser costoso y consume energía.

Esta fábrica de Alemania saca la sal del agua.

Hacer agua

Sacar agua del aire puede parecer un truco de magia. Pero los ingenieros han hallado algunas formas de hacerlo. Una máquina especial enfría el aire caliente y se forman gotas. También se puede usar una red para atrapar la niebla. Una botella con una red puede llenarse de agua por sí sola.

Una científica analiza una muestra de agua.

Algunas personas están tratando de hacer que llueva usando pequeñas semillas de metal. Disparan las semillas al cielo. El agua que hay en el aire se adhiere a las semillas. Como consecuencia, se forman nubes. Luego, llueve. Los científicos aún no saben si esas semillas realmente darán resultado.

Beber la niebla

Los escarabajos del desierto del Namib beben la niebla. Unos bultos que tienen en las alas atrapan la niebla y la convierten en gotas de agua. Las gotas se deslizan hasta la boca de los escarabajos.

Más valiosa que el oro

Las primeras ciudades se formaron a orillas de los ríos. Las personas necesitaban agua para cultivar alimentos, para pescar y para beber. Pero también había sequías. Entonces, la gente recogía el agua de lluvia en estanques de arcilla.

El agua era importante entonces, y lo es hoy. En los lugares más áridos, las personas y los países pueden pelearse por el agua.

El agua puede valer más que el oro. Cada gota cuenta para quienes no tienen mucha agua. Para ellos, y para todos, el agua no tiene precio.

Día Mundial del Agua

El Día Mundial del Agua se celebra el 22 de marzo de cada año. Las personas aprenden más acerca del agua dulce y cómo cuidarla.

Glosario

acuíferos: grupos de rocas subterráneas con espacios en los que se almacena el agua de lluvia

agua dulce: agua sin sal

aguas residuales: aguas usadas que provienen de desagües, como el agua de los lavabos, las duchas y los retretes

cambio climático: cambios anormales que, con el paso del tiempo, se producen en los patrones climáticos globales o locales

grifo: un objeto colocado al final de un caño y del que sale agua

humildes: que enfrentan muchos desafíos; de bajos recursos

NASA: la Administración Nacional de Aeronáutica y el Espacio; un organismo de Estados Unidos que se encarga de explorar el espacio

satélites: máquinas hechas por el ser humano que giran alrededor de la Tierra, en el espacio

sequías: períodos en los que no cae lluvia o cae poca lluvia

Índice

acuíferos, 16

agua dulce, 4–5, 12–14, 20–21, 25

aguas residuales, 21

aljibe(s), 10, 16

antiguos romanos, 10

barriles para la lluvia, 19

Brasil, 13

cambio climático, 12

escarabajos, 23

Estados Unidos, 13

NASA, 17

orillas de los ríos, 24

Rusia, 13

satélites, 17

sequía(s), 12–13, 17, 24

Civismo en acción

Tú puedes marcar una diferencia en la forma en que las personas usan el agua. Piensa en un plan para ayudar a tu familia y a tus vecinos a ahorrar agua contigo.

1. Explica la falta de agua que hay en todo el mundo.

2. Enumera las maneras de ayudar.

3. Presenta tus ideas a otras clases.

4. Habla con tus amigos y tus vecinos.

5. Pídeles que te digan cómo cambiarán sus hábitos.

¡Busquemos formas de usar menos AGUA!

www.ingramcontent.com/pod-product-compliance
Lightning Source LLC
Chambersburg PA
CBHW041506010526
44118CB00001B/36